ALGER

Au Pas Gymnastique

EXCURSIONS

A la Trappe de Staouéli

Aux Gorges de la Chiffa

et Blidah

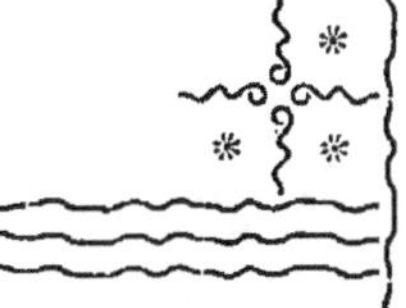

COULOMMIERS

Imprimerie Paul BRODARD

1900

LK 8
1921

ALGER

AU PAS GYMNASTIQUE

EXCURSIONS

A la Trappe de Staouéli

Aux Gorges de la Chiffa

et Blidah

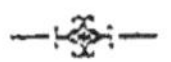

COULOMMIERS

Imprimerie Paul BRODARD

1900

Alger

au pas gymnastique

1er avril 1896. — Nous partons pour Alger par un temps maussade, mais la perspective d'une traversée de la France et de la Méditerranée nous cache les nuages qui pourraient refroidir notre allégresse. Notre première étape, Coulommiers-Paris, quoique la plus courte, semble bien longue; enfin, nous arrivons.

Après déjeuner, nous faisons nos provisions avant de prendre le train spécial, organisé pour les sociétés de gymnastique qui se rendent, comme la nôtre, à la XXIIe fête fédérale. Ce train est assiégé par un millier de voyageurs, criant à l'envi : « Complet! complet! » Il ne reste plus qu'un compartiment en tête, nous l'occupons en un clin d'œil. Près de nous, un joyeux luron muni d'un violon joue des airs connus, entonnés en chœur par ses compagnons. Quel charivari! Il est facile de se l'imaginer en songeant que la plus grande partie d'entre nous sont âgés de dix-huit à vingt ans.

A deux heures et demie, départ à toute vitesse. Nous sommes bientôt hors Paris dont la banlieue étale sous nos yeux ses parcs, ses villas qui apparaissent et disparaissent rapidement dans la verdure. Nous avons un court arrêt à Melun où quelques gymnastes se joignent à nous. La voie longe la Seine que nous quittons pour traverser la forêt de Fontainebleau, encore effeuillée sur notre passage.

Le soleil vient à propos égayer le paysage, en éclairant les potagers avoisinant la ville et les vignes de Thomery. Toujours sans arrêt, nous passons à Montereau, puis à Sens dont la cathédrale se détache à l'horizon. Plus loin, la voie est bordée par des murailles de calcaires dans lesquelles les coups de mine ont frayé le chemin de fer. Les maisons environnantes sont couvertes de cette pierre qui remplace la tuile et l'ardoise.

La nuit tombe quand nous arrivons au tunnel de Blaizy. Après un excellent dîner froid, nous faisons notre lit; ce n'est pas long. Les coussins du wagon tiennent lieu de matelas, la couverture est déroulée et notre sac de campagne, placé sous la tête, constitue un traversin relativement doux pour ceux qui peuvent s'étendre. Notre sommeil, peu profond il faut le dire, est troublé par un intrus qui a trop fêté Bacchus. Cet individu se hisse dans le compartiment, s'affale sur mon compagnon de face et nous raconte qu'il aime bien les soldats — avec nos bérets et nos sacs, il nous prenait pour des chasseurs alpins, — qu'il a été aux compagnies de discipline, etc., etc. L'idée d'en entendre davantage ne laisse pas de nous ennuyer, d'autant plus que l'encombrant personnage se vante d'avoir « cassé le portrait » d'un employé qui s'opposait à son départ. Faute de mieux, je lui observe que le train n'arrête pas à la station où il se rend, ce qui le fait dégringoler vivement. La portière est refermée sur lui et nous n'avons plus d'incident nouveau.

2 avril. — Nous nous éveillons vers cinq heures aux environs de Montélimar. La brume matinale estompe les arêtes des montagnes qui, peu à peu, précisent leurs formes et sont bientôt dominées par le soleil planant majestueusement sur ces sites pittoresques. Quel dommage de ne pouvoir descendre, ne fût-ce qu'une heure, dans ces escarpements semés d'arbustes, afin de contempler à notre aise le réveil de la nature, chanté par les oiseaux que nous ne pouvons entendre à cause de l'énervant rataplan du train en marche!

Le Rhône coule à notre droite, augmentant sensiblement de largeur. Nous ne savons plus de quel côté nous tourner pour admirer les ravissants tableaux qui nous environnent. Voici Mondragon, dont les ruines s'aperçoivent juchées sur les pentes abruptes.

Une brise aromatisée nous fouette agréablement le visage, apportant le parfum de cette Provence tant chantée des poètes. Nous voyons les routes très blanches serpenter dans la campagne couverte d'orangers, d'oliviers et de plantes potagères, protégées du mistral par de simples claies en roseau ou des rangées de cyprès qui ajoutent au charme de cette région.

Au loin, nous distinguons le palais des Papes, à Avignon, puis nous arrivons au pays de Tartarin, d'illustre mémoire. Je pense qu'IL a fait le même voyage que nous, mais avec des idées autrement aventureuses que celles de simples mortels, nés à cent cinquante lieues de la grande Tarascon! Arles n'est pas loin; malheureusement nous filons trop vite pour apercevoir les Arlésiennes, pour le moins aussi célèbres que le tueur de... bourriquot.

Quelques tours de roues et nous sommes dans la Crau, vaste plaine couverte de cailloux au milieu desquels des troupeaux de moutons broutent quelques touffes d'herbe, poussées on ne sait comment dans ce terrain aride. Les bords de l'étang de Berre que nous longeons ensuite apportent une heureuse diversion à cette monotonie, diversion interrompue à son tour par le tunnel de la Nerthe. Après quatre kilomètres, nous reparaissons à la lumière, aveuglante pour des yeux sortant des ténèbres souterraines. J'ajoute que le spectacle est bien fait pour éblouir. La vue n'est arrêtée par aucun obstacle; des rangées d'oliviers et d'arbres en fleurs descendent jusqu'à la mer, que l'on pourrait croire céleste tant l'azur s'y reflète purement.

« Marseille! Tout le monde descend! » Il faut jouer des coudes pour se frayer un passage à travers la foule et se procurer des cartes d'embarquement. Enfin, tout est réglé; nous nous dirigeons vers le quai de la Joliette par une rue qui n'offre rien de remarquable, si ce n'est un lavoir, encore faut-il y passer comme nous, au moment où deux furies « lavent leur linge sale », mais pas en famille; au lieu de linge elles « échangent » des mauvais propos et tout à l'heure les battoirs serviront peut-être d'arguments plus frappants. La scène est comique, nous n'attendons pas qu'elle tourne au tragique. Le temps presse et en gens trop prévoyants nous achetons deux jours de vivres.

A dix heures et demie, nous franchissons la passerelle du paquebot spécial la *Ville de Tunis.* Une couverture nous est tendue, nous la prenons sans trop savoir qu'en faire, puis nous allons déposer notre petit bagage dans la cale.

Deux tables y sont installées, l'une amarrée au pied du grand mât, l'autre simplement posée sur des tréteaux. Le couvert est luisant, c'est un service — rien du Grand Dépôt — en fer battu fraîchement étamé. La cloche sonne pour le déjeuner, nous allons à la distribution de mouton froid et de haricots, le tout avalé d'un bon appétit.

Nous montons sur le pont que nous arpentons, presque étonnés de n'avoir pas encore le mal de mer. A une heure, la sirène se fait entendre : nous partons.

La ville se distingue à peine derrière la forêt de mâts, seule la cathédrale se détache au premier plan, puis le fort Saint-Jean et Notre-Dame-de-la-Garde qui domine le tout. Plus loin, nous voyons à droite le château d'If, sombres bâtiments construits sur un îlot dénudé. Les habitants de cette sûre retraite durent préférer la plus petite maison de campagne à ce « château », qui abrita le fameux Masque de Fer, Mirabeau et d'autres prisonniers politiques.

Les côtes, d'un gris blanchâtre, diminuent imperceptiblement et nous commençons à balancer agréablement sur les flots. Le temps superbe nous donne un excellent départ, mais rira bien qui rira le dernier. En effet, après une heure de marche, une maladie terrible par sa contagion se déclare à bord.

La scène est des plus drôles. Les passagers de l'avant ouvrent le feu ou plutôt la bouche et, la vitesse du navire, le vent aidant, mettent dans l'embarras ceux de l'arrière non munis de parapluies.

Cette façon de partager la nourriture n'est pas goûtée ; pourtant la plupart d'entre nous ne tardent pas à imiter les premiers, et nous offrons un concert de hoquets dans tous les tons. La soupe sonne et les veinards qui n'ont encore rien ressenti se précipitent sur les gamelles. Ils éprouvent quelques remords de leur empressement, à en juger par leur façon de rendre à la mer ce qui ne lui appartient pas ; quelques voisins profitent encore de l'occasion, mais cela ne fait rien, on rit : à la guerre comme à la guerre.

La nuit tombe, nous allons nous enrouler dans nos couvertures, qui sur le pont, qui dans l'entrepont ou dans la cale. Malgré le manque de confort, nous pensons nous reposer de nos fatigues ; nous avons compté sans le peu de stabilité des choses humaines, surtout quand elles sont sur un navire. Crrrac ! voilà la table qui n'était pas amarrée gisant sur le plancher avec toute la ferblanterie — une soixantaine d'assiettes, de cuillères, de gobelets ; — quel effondrement ! nous en sommes abasourdis. La tempête qui nous assaille ballotte tellement le vaisseau que nous glissons graduellement, et nos pieds vont plonger dans la rigole réservée à l'écoulement des eaux. Je m'arrête : cette évocation suffirait à me redonner le mal de mer.

Nous nous étendons de nouveau la tête appuyée, les uns sur une valise, les autres sur les pieds de leur voisin qui met la sienne, faute de mieux, sur sa couverture pliée en deux, pour se préserver des clous dont la pointe le chatouille par instants.

Près de moi un malheureux malade discute tristement sur les agréments d'un voyage en mer. J'essaie de le consoler en lui offrant de descendre à la première station, ce que nous aurions fait de bon cœur pour prendre le train suivant, mais la station est loin et les hoquets deviennent de plus en plus convulsifs. J'ajoute pour notre excuse que le bâtiment bondit d'une manière susceptible d'étonner de pauvres terriens comme nous. Les vagues balayent le pont. Flac! Un énorme paquet tombe sur la tête des dormeurs de la cale, après avoir préalablement arrosé ceux de l'escalier. Quelle inondation! Les couvertures sont trempées et il n'y a pas moyen de se fourrer ailleurs. Encore un paquet; ce n'est rien, quelques camarades se lèvent, inquiets, croyant que le navire fait eau : ils sont vite rassurés, ce n'est qu'un des petits incidents d'une traversée.

Malgré moi, je resonge à l'immortel Tartarin, ainsi qu'aux cinq positions de sa chéchia. La nôtre, si nous en avions une, en prendrait davantage, et je ne crois pas trop m'avancer en disant que la traversée n'est pas la moindre des prouesses du héros tarasconnais. Que ceux qui ont éprouvé le mal de mer me prouvent le contraire !

3 avril. — Cet affreux temps ne nous a pas permis de voir le lever du soleil en mer. Nous montons sur le pont pour échapper à l'écœurante odeur de la cale. La pluie tombe, de gros nuages noirs semblent toucher les mâts et donnent une teinte de bouc aux flots qui s'entre-choquent avec furie. L'impression de ce spectacle est grande, mais plutôt triste; j'étais loin de m'en faire une idée exacte. La vague se forme, se creuse, s'élève, se grossit d'une autre petite venant à sa rencontre, puis se lance furieusement pour retomber avec fracas. A l'arrière, une sensation de vertige nous saisit si nous regardons l'avant qui semble plonger dans l'abîme, tandis que l'hélice sort de l'eau.

Devant ce tableau, on apprécie mieux le courage de ceux qui sont sur un navire prêt à couler, sans l'espoir d'aucun secours. Rien pour échapper au danger que quelques chaloupes, pauvres jouets d'un flot qui vous ballotte dans l'immensité, avec des allers et des retours dont le meilleur résultat est de vous faire rester sur place, si vous n'avez aucun moyen de direction. Que dire encore de ces barques de pêche si petites ou de ces canots de sauvetage, envoyés au secours des grands bâtiments qui, malgré la puissance de leurs machines ou de leurs voiles, sont exposés à échouer au port! Quelle rude maîtresse que la mer! son enseignement viril forme des élèves qui peuvent en être fiers.

Vers trois heures, le gros temps s'apaise, la pluie cesse. Le soleil, un peu pâle, paraît à l'horizon et forme une ligne argentée sur les flots devenus plus calmes. Quelques marsouins viennent sauter à peu de distance du bâtiment, nous annonçant l'approche des côtes. Les lunettes sont braquées dans toutes les directions et, vers quatre heures, la terre se dessine à l'est. Nous ne la quittons plus des yeux, oubliant instantanément le mal de mer; ce n'est pas trop tôt, depuis vingt-quatre heures il ne nous laisse guère de répit....

Enfin nous distinguons Alger et sa baie.

A gauche, le cap Matifou, dominé par les cimes neigeuses de la Kabylie, puis Mustapha, banlieue française avec ses jolies villas. En face, Alger étale sa ville européenne qui borde le rivage, et, au-dessus, sa ville haute dont les maisons blanches s'étagent sur un escarpement à pic. A droite, le village de Saint-Eugène, la pointe Pescade, le cap Caxine et son phare.

Ce panorama est grandiose. L'azur du ciel se reflète sur la mer, formant un fond magnifique sur lequel tranche la blancheur des maisons, perdues dans une luxuriante verdure. Toutes ces nuances sont adoucies par le soleil couchant, et l'ombre, devenue insensiblement plus épaisse, ajoute sa poésie à ces merveilleux effets de lumière.

Nous débarquons à six heures et demie, après trente heures

de traversée. Il fait complètement nuit. Nous nous rallions tant bien que mal sur la place du Gouvernement; de là, nous nous dirigeons vers notre lieu de campement, le fort Bab-Azoun, situé à l'extrémité de la ville. C'est un ancien pénitencier militaire; comme nous n'y passerons que les nuits, nous n'y faisons pas attention, et la verdure semée à profusion nous cache la nudité des murs.

Après un excellent repas, savouré par des affamés qui n'ont plus rien dans l'estomac depuis vingt-quatre heures, nous revenons au bercail pour prendre un peu de repos, non moins nécessaire que la nourriture. Nous faisons nos lits et, là, les « anciens » font leurs preuves d'ingéniosité en creusant la paillasse au milieu, précaution utile pour éviter de s'éveiller sur le bitume. Inutile de dire que nous nous passons facilement du bercement du navire et que, jusqu'au lendemain, nous observons la plus rigoureuse tranquillité.

4 avril. — Un clairon nous réveille à cinq heures. Vite à côté du lit, j'allais dire en bas, et départ. A la sortie, nous sommes assaillis par une nuée, non de sauterelles, mais de cireurs numérotés désireux de nous faire briller par les pieds.

Cette affluence nous surprend de prime abord; jamais nous n'en avons tant vu, surtout de ce genre. La figure bronzée, les yeux noirs, les dents blanches, une calotte rouge sur une grosse tête ronde, voici le cireur; une boîte de trente centimètres sur vingt, trois brosses, du cirage, une courroie pour porter le tout, voilà le matériel. L'accoutrement est assez malaisé à définir : les uns sont habillés — jusqu'aux genoux, les jambes et les pieds restent nus — plus ou moins fraîchement à l'européenne, les autres avec une chemisette et une culotte à la zouave de laquelle ils n'ont nul souci, s'accroupissant partout, quand ils ont un client.

Leur nombre stimule leur vivacité; c'est à qui criera le plus fort et le plus souvent : « Cirer, m'sieu? Cirer, m'sieu? » avec des regards si expressifs qu'il est impossible de ne pas se laisser brosser.

Nous suivons le boulevard de la République, une des curiosités d'Alger. Il est supporté par des voûtes servant de magasins. Pas la moindre place inoccupée. La ville européenne s'est installée sur un espace restreint, mais tout est utilisé. Les voitures, les trams à vapeur circulent sur cette voie entièrement faite de la main de l'homme, pendant que les dessous s'emplissent de marchandises venues de tous les points du monde.

Les Arabes, paresseusement accoudés ou adossés au parapet, nous regardent passer d'un air indifférent.

Il y a beaucoup de beaux types, aux traits fins et réguliers, à la haute stature, rendue plus apparente par l'étoffe blanche — quand elle l'est — dont ils se drapent majestueusement. Un turban leur ceint la tête, les jambes sont nues ainsi que les pieds, chaussés de babouches ou non. Nous voyons aussi des cheiks, décorés de la Légion d'honneur, roulant carrosse ou faisant résonner les éperons de leurs belles bottes souples, enjolivées de dessins.

Au loin, nous apercevons les voiles blanches des barques de pêche, semblables à de grosses mouettes immobiles. Les quais sont très animés : à nos pieds les locomotives de l'Ouest-Algérien font retentir leurs stridents coups de sifflet. Les cris des hommes chargeant de lourds fardeaux, les coups de marteau indiquent que ce n'est pas la fête pour tout le monde.

Nous nous arrêtons au Palais consulaire où se trouve le bureau de poste. Après avoir envoyé lettres et dépêches rassurantes aux parents et amis, nous déjeunons à la terrasse d'un café, toujours poursuivis par les cireurs qui regardent obstinément nos chaussures poussiéreuses.

Ensuite, nous parcourons la ville et nous avons le plaisir de rencontrer des jeunes gens français qui nous offrent, avec la meilleure grâce du monde, d'être nos ciceroni. Nous acceptons volontiers et nous gravissons lentement les pentes conduisant à la ville haute. Nous entrons dans une synagogue à l'intérieur simple et de dimensions restreintes. Après avoir observé quelques minutes les fidèles plongés dans la lecture d'un livre d'hébreu ou s'embrassant sans distinction d'origine, nous continuons notre ascension.

Nos aimables conducteurs nous introduisent dans une maison mauresque, une des plus anciennes et des plus belles de la ville. Nous sommes très bien reçus par ses habitants qui laissent leur logis à notre entière disposition. Cet excellent accueil nous permet d'avoir une idée exacte de la construction. L'air et la lumière arrivent dans une cour intérieure où toutes les portes s'ouvrent sur des balcons du plus bel effet, ce qui explique le manque d'ouvertures extérieures. Les colonnades et ogives de ces balcons sont en marbre blanc et les portes sont couvertes de jolies ciselures.

Nos hôtes nous offrent de l'anisette et des olives acceptées avec plaisir, et nous accompagnent jusqu'à la terrasse, tenant lieu de toit à toute maison arabe. De là, nous avons une vue splendide : à nos pieds les terrasses des maisons voisines semblent les marches gigantesques d'un escalier descendant à la mer que nous voyons au loin; derrière nous, encore des marches et, pour couronner le tout, des montagnes qui reposent la vue, fatiguée par la réverbération des rayons solaires.

C'est l'endroit le plus fréquenté à l'heure où la chaleur n'est plus si accablante; on y vient respirer l'air frais, quand le sirocco ne souffle pas. Nos mères frémiraient en voyant le peu de sécurité de ces terrasses : une simple bordure arrondie, haute de vingt à trente centimètres, constitue toutes les mesures de précaution. Non loin de là, un enfant s'est tué dernièrement en lançant son cerf-volant, cela n'empêche pas ses camarades de nous suivre. Nous nous étonnons de ce manque de prévoyance, mais notre remarque est accueillie avec surprise.

Nous visitons ensuite une habitation semblable. Nous y sommes aussi bien reçus dans une chambre meublée avec une agréable confusion d'oriental et d'occidental. Les murs sont peints en bleu, de belles dentelles couvrent le lit et tombent sur des tapis orientaux, le tout d'une propreté irréprochable. En face de nous, un calendrier arabe en papier colorié et découpé, admirable travail de patience et de goût, se trouve placé au-dessus d'une table toute moderne. Des glaces avec garnitures de cuivre reflètent de beaux portraits à l'huile. Une fenêtre, encadrée de plantes grimpantes, donne vue sur la mer. Tout ce mélange fait éprouver une sensation de bien-être à laquelle on est loin de s'attendre quand on voit la petite porte basse devant laquelle on est tenté de dire : « Sésame, ouvre-toi! »

Nous montons sur la terrasse et, là, nous voyons un tableau digne d'un cliché photographique. Quatre femmes, des Espagnoles, à en juger par leur type et leur costume, sont occupées à se... passer la main dans les cheveux pour y découvrir des insectes, vulgairement appelés poux, qui doivent les importuner joliment.

Nous regardons ce spectacle dans le plus grand silence, quand l'une d'elles se retourne, immédiatement imitée par les autres, effarées de se savoir observées par des étrangers. Un de nos guides lui adresse la parole en riant et s'attire une réponse aussi brève que précise, prononcée avec une force et une pureté d'accent que n'eût pas désavouées Cambronne. Un éclat de rire général souligne cette réplique, suivie d'une prompte retraite.

Ne sachant comment remercier nos hôtes, nous leur offrons des cigarettes. Ces dames nous répondent gracieusement qu'elles ne fument pas et, le feraient-elles, se verraient obligées de refuser parce que c'est samedi, jour de fête pendant lequel il est défendu de rien absorber. En revanche, il n'est pas défendu de se divertir, et nous pouvons chanter tant qu'il nous plaira, si nous sommes satisfaits. Mes camarades m'engagent à chanter « celle que je sais si bien et que je chante si mal ». Je choisis l'*Aventure espagnole*, pour cadrer avec l'intérieur d'une maison mauresque, et la couleur locale supplée heureusement à la justesse de ma voix. Nous quittons ces aimables personnes en emportant leurs meilleurs souhaits.

Nous croisons beaucoup de mouquaires, aussi désireuses de dissimuler leurs charmes, que les Européennes de les faire valoir. Elles sont élégamment drapées et leur petite culotte bouffante, fermant au-dessus d'une fine cheville terminée par un petit pied chaussé d'une non moins petite babouche, laisse supposer qu'elles doivent avoir un brin de coquetterie.... Nous ne voyons d'elles que deux yeux, brillant à travers le seul interstice d'un costume on ne peut plus discret. Leur démarche est silencieuse, elles entrent dans leur habitation par la petite porte basse, fermée vivement pour ne pas y laisser pénétrer le profane regard des « roumis ».

Nous pénétrons dans un établissement de bains maures où des Arabes lavent. Nus jusqu'à la ceinture, ils frappent à coups de pied rythmés leur linge sur lequel l'eau coule abondamment. Nous passons sous une voûte obscure où il fait une chaleur accablante, nous prenons un bain de vapeur tout habillés. Il suffit d'un séjour de quelques minutes dans cette étuve et d'un bon massage, suivi de repos sur des nattes affectées à cet usage, pour savoir ce qu'est le bain maure.

Après ce bain imaginaire, nous descendons, c'est le cas de le dire, une rue de la Ville haute, impraticable, même aux voitures à bras. C'est en effet un véritable escalier aux marches inégales — les unes ont cinquante centimètres, les autres deux et trois mètres de largeur, — au milieu duquel coule un ruisseau à sec en ce moment. Le petit pavé est très glissant et plusieurs fois nous sommes tentés de nous asseoir dessus. Cette rue est relativement large et alignée, en comparaison d'autres ruelles tortueuses où l'on passe sous de petits tunnels, et où, par endroits, il est difficile de marcher deux de front. Nous voyons le ciel, c'est déjà quelque chose. Pourtant, les artères de ce labyrinthe sont propres, pas d'immondices ni de trop mauvaises odeurs, ce qui étonne, vu l'entassement des denrées qui s'y fabriquent ou s'y vendent.

Nous voyons plusieurs spécimens de l'industrie primitive des Arabes, dans les boutiques de plain-pied avec la rue. Les ouvriers sont accroupis à la façon de nos tailleurs et travaillent, les uns à des objets en corne, les autres à des babouches, porte-monnaie, ou à la ciselure du bois et du cuivre. Un serrurier-mécanicien indigène fabrique des couteaux, des cimeterres capables d'embrocher deux hommes ; à côté, un autre, maigre comme Don Quichotte, pilonne du café avec un instrument en fer ayant la forme d'une massue, et du poids respectable d'une vingtaine de kilos. Dans beaucoup de travaux, les pieds remplacent les outils pour maintenir ingénieusement l'objet en fabrication.

Quelques marches plus bas se trouve une école indigène, très curieuse aussi. Des bambins sont accroupis sur des nattes, pieds nus, et déchiffrent un alphabet arabe, écrit en gros caractères sur un carton. Le maître va de l'un à l'autre ou les regarde d'un œil paternel, assis dans son bureau. Les plus âgés paraissent avoir six à sept ans, tous sont gentils à croquer, avec leur bonne figure ronde exprimant la franchise et l'intelligence. Coiffés d'une calotte rouge, ils ont un air tout à fait réjouissant quand ils nous fixent, naïvement étonnés de notre observation.

Nous descendons ayant à droite et à gauche un spectacle toujours nouveau : des fruiteries où les oranges, dattes, bananes, dominent ; des cafés maures où les habitués, assis sur une sorte de table circulaire avec la tasse traditionnelle de café, jouent aux dominos ou au zanzibar. Tous les éléments de la vie indigène se trouvent réunis dans cette rue du vieil Alger.

Nous arrivons rue Randon et nous passons dans un marché couvert où se débitent les productions variées du pays. Près de là est un autre marché non couvert où règne la même animation. Un brocanteur arabe collectionne des médailles et monnaies ; nous lui donnons une pièce de deux sous à l'effigie de Victor-Emmanuel. Ces pièces, et toutes celles qui ne sont pas françaises, sont considérées comme fausses et refusées impitoyablement par ses compatriotes.

L'après-midi, nous continuons la visite de la ville. Nous nous dirigeons vers la Kasbah, aujourd'hui caserne, où eut lieu la fameuse scène du coup d'éventail qui détermina la conquête de l'Algérie, puis nous allons au stand de la Société de tir d'Alger, beau jardin situé en dehors des fortifications actuellement en démolition. Nous revenons à l'esplanade Bad-el-Oued pour visiter l'emplacement du terrain de manœuvres de la fête fédérale, situé près de l'arsenal.

La place est bordée par le lycée et le jardin Marengo, où s'épanouissent de superbes plantes tropicales, qui procurent une fraîcheur délicieuse quand la brise se fait sentir.

Derrière ce jardin est située la mosquée de Sidi Abd-er-Rhaman et Tçalbi, renfermant le tombeau de ce pacha et entourée d'autres tombeaux de personnes moins considérables.

Nous visitons ensuite la mosquée Djedid où un vieux gardien nous fait comprendre par gestes qu'il faut marcher sur les paillassons, pour éviter de nous déchausser.

A gauche, nous voyons la fontaine servant aux ablutions prescrites par le Coran.

Les fidèles arrivent, quittent leurs babouches, se lavent les pieds, les mains et le visage, puis vont faire leur prière devant une des colonnades de cette imposante construction.

Le silence est seulement troublé par le bruissement de l'eau et une sorte de mélopée dans laquelle je crois entendre « rame-rimera » répété à l'infini.

Dans cette mosquée comme dans les autres, le riche coudoie le pauvre, se lave à la même place, à toute heure de la journée. Les deux sexes ont leurs jours distincts. Tous sont foncièrement religieux et observent strictement les jeûnes imposés. Ce qu'il y a de plus curieux, c'est pour ainsi dire à leur insu qu'ils le sont; ils n'apprennent pas dans les livres les commandements de Mahomet, pour la bonne raison que beaucoup ne savent pas lire et ne cherchent pas à en connaître davantage; puisque « C'est écrit » cela suffit pour éloigner d'eux tout commentaire sur les coutumes pratiquées de père en fils.

A quelques pas de là, se dresse la mosquée Djama-Kebir ou Grande-Mosquée, la plus ancienne d'Alger. Sa façade se compose d'arcades dentelées, reposant sur des colonnes en marbre blanc. L'intérieur est moins imposant que celui de la mosquée Djedid, mais l'entre-croisement des arcades forme un ensemble gracieux, d'une blancheur immaculée. Des lampes à huile pendent au plafond, un paillasson recouvre le bas des colonnes à la hauteur d'un homme à genoux, voilà pour les ornements de ce lieu de prière.

Le gardien nous oblige beaucoup en étendant des paillassons dont nous comprenons l'utilité en voyant les fidèles se prosterner et baiser le tapis à plusieurs reprises, sans paraître gênés de notre présence. La défense de marcher chaussé dans les mosquées n'a rien de vexatoire ; les catholiques essuient la patène, il ne faut pas s'étonner que les Arabes évitent de salir ce qu'ils baisent journellement.

La fontaine aux ablutions est située dans une cour ombragée d'orangers. L'eau limpide qui jaillit dans cette vasque de marbre blanc donne envie d'imiter les fidèles... Infidèles.

Nous sommes près d'un corridor assez large, réservé aux pénitents qui font face à la mosquée.

Ceux-ci ont un air chagrin qu'accentuent les multiples génuflexions nécessaires à leur salut momentané. Ces malheureux n'ont pas échappé aux vices de la civilisation des grands centres et ne trouvent de consolations qu'en venant invoquer la miséricorde d'Allah.

En sortant, nous voyons à droite les bureaux du cadi, fonctionnaire arabe ayant beaucoup des attributions d'un juge de paix, et dont l'autorité considérable n'est pas à dédaigner. Il lit des pièces arabes, arrange les différends à l'amiable et paraît pénétré de l'importance de ses fonctions, à en juger par la gravité de ses gestes et de son visage. Nous visitons ensuite la Pêcherie où plusieurs vendeurs et vendeuses doivent connaître la mère Angot.

Nous nous éloignons de ce tintamarre pour prendre un peu

l'air sur la place du Gouvernement. C'est sans doute l'heure
de la promenade des dames, car nous en voyons beaucoup,
mais seules. Il faut croire que la galanterie française n'est pas
en usage chez les époux arabes.

Nous entrons à l'Hôtel de Ville, situé boulevard de la République. La façade est plutôt simple; à l'intérieur une cour
vitrée ornée de sculptures; tout est à l'étroit, quoique coquet,
et subordonné au peu de largeur de la construction.

Le soir, nous nous aventurons dans les rues avoisinant la
Kasbah, accompagnés de deux zouaves de nos camarades.
Cette excursion ne manque pas de charmes, surtout quand on
a entendu raconter quelques histoires d'attaque à main armée
par les Arabes, où le narrateur et ses compagnons ont toujours
eu la chance de sortir victorieux. Je ne sais si la présence de
nos deux « zouzous » suffit à éloigner les importuns, toujours
est-il que nous ne voyons guère que des chats étiques et, de
loin en loin, un Arabe déambulant lentement dans les ruelles.

Le quartier est bien éclairé, néanmoins certains renfonce-
ments peuvent satisfaire ceux qui sont à l'affût d'un mauvais
coup.

A un carrefour, nous rencontrons un groupe d'hommes
drapés, qu'avec un peu d'imagination nous pourrions prendre
pour des brigands. Ce sont tout simplement des Espagnols
s'apprêtant à jouer une petite sérénade de guitare....

5 avril. — Nous nous rendons au concours de gymnastique.
Le temps est sombre, la mer agitée; les vagues viennent se
briser contre la digue avec un bruit de canon. La pluie ne
tarde pas à tomber et cesse vers huit heures. Nous avons en
échange un soleil qui nous grille littéralement.

Les changements de température sont brusques : à une
chaleur accablante succède un vent qui paraît glacial. Les

nuits sont également fraiches et rendent des précautions nécessaires pour éviter les refroidissements.

Nous sommes dans la mauvaise saison, presque l'hiver algé-
rien. Néanmoins, c'est la meilleure pour nous et la température ne nous a pas incommodés, à part quelques coups de
soleil s'entend. Huit jours avant, les habitants ne savaient
où se fourrer pour fuir le sirocco embrasé qui rend l'air irrespirable.

Dans la soirée, nous regardons les illuminations contrariées
par un vent violent. Celles du boulevard de la République et
de l'Hôtel de Ville qui promettaient d'être brillantes sont
complètement ratées. Seule, la mosquée Djedid, située en
contre-bas, détache ses contours de feu dans la nuit. L'aspect
m'est impossible à décrire.

De loin — il faudrait y rester — on croit apercevoir une
construction en papier avec transparents de toutes couleurs
laissant filtrer la lumière. De près, ce sont des guirlandes de
verres, agencées avec goût, et des feux de Bengale qui jettent
leurs reflets verts, jaunes ou rouges d'un joli effet.

Cette mosquée illuminée nous reporte aux *Mille et une Nuits*.
Les feux des navires percent l'ombre çà et là et font ressortir
davantage ce spectacle féerique.

6 *avril.* — Nous nous levons avant le jour et nous continuons nos exercices. L'après-midi, nous défilons dans les rues
de Mustapha sous un soleil brûlant.

Nous sommes heureusement placés devant la musique des
Tirailleurs algériens ; elle n'a rien de nos harmonies militaires,
mais la musique est bien rythmée et assez agréable à entendre.
Toute la variété des instruments consiste en noubas, tambourins
et une sorte de gros tambour.

Ce gros tambour remplace la grosse caisse, les tambourins accompagnent à contretemps et les noubas aux sons nasillards exécutent *le Père La Victoire* ou la *Marche des Zouaves*, airs d'un charme particulier, venant de ces musiciens à face bronzée.

Mustapha est la banlieue française d'Alger et sera bientôt réunie à la capitale. Les rues sont larges et bien ombragées ; tous les habitants sont aux fenêtres, acclamant chaleureusement leurs compatriotes. Après le défilé, nous terminons le concours.

Le soir, nous nous entendons avec un cocher qui doit nous conduire le lendemain à la Trappe de Staouéli.

*   *   *

7 avril. — Le jour nous trouve sur pied. Nous prenons le chemin des écoliers, celui du bord de la mer, une excellente route sur laquelle nos petits chevaux trottent allègrement.

Le temps est superbe. Sur notre droite des villas se devinent derrière leur rideau de verdure, d'autres surplombent audacieusement la vague qui vient mourir à leur pied. A gauche notre vue est bornée par les escarpements du Bou-Zaréa où les dômes de Notre-Dame-d'Afrique se dorent aux rayons du soleil levant.

Nous passons à Saint-Eugène, coquet village fréquenté par Camille Saint-Saëns, poète à ses heures.

Ici nous retrouvons les haies de la Provence comme clôtures, et d'autres plus difficiles à franchir, car les feuilles à dents de scie de l'aloès et les pelotes d'épines du figuier de Barbarie remplacent avantageusement notre aubépine.

Le phare du cap Caxine se détache à l'horizon. Tout près, dans les rochers, une grotte creusée par la mer, maintenant fermée par une porte rustique, tranche singulièrement avec les habitations environnantes, entourées de jardinets.

Sur notre gauche, au bord de la route, un petit tunnel est

creusé dans le roc pour livrer passage au tram à vapeur. Près de là, un casseur de pierres frappe à coups réguliers le tas sur lequel il est assis, trouvant sans doute la position de ses confrères briards trop fatigante.

Plus loin, un ancien fortin converti en villa d'une façon très originale. Cette partie du trajet, pleine de contrastes, offre une profusion de goûts et de couleurs bien faite pour surprendre un voyageur qui n'a jamais quitté sa province.

De temps en temps, nous croisons des Arabes. Montés sur leurs ânes, ils se rendent à la ville pour y vendre des légumes. Le cheval du pauvre n'est guère dodu; très petit, il plie sous le poids de son maître dont les grands pieds touchent terre et qui devrait plutôt le porter que monter dessus. Notre conducteur nous dit que les coups de matraque entrent pour beaucoup dans la nourriture de la pauvre bête, nous le croyons aisément. Le cheval est soumis à peu près au même régime que son compagnon de misère; malgré tout il est mieux considéré. Quoique sa croupe fine soit loin d'être égale à celle de nos bons gros chevaux de trait, il est nerveux et solide à la besogne. Ceux qui nous remorquent ne quittent pas le trot, dans le trajet assez accidenté d'Alger à Staouéli.

Arrivés à Guyotville, joli village environné de belles cultures, nous faisons une courte halte. J'en profite pour descendre au bord de la mer. Je saute de roche en roche en évitant les trous d'eau et les chutes, car il n'y a pas de varech; c'est de la pierre et de la pierre dure, couverte d'aspérités qui ne manqueraient pas de laisser leur empreinte dans mon... souvenir, si je m'asseyais involontairement dessus.

Comme la marée est peu appréciable dans la Méditerranée, je n'ai même pas le plaisir de me sentir pincer par un crabe caché dans le sable. Je réussis seulement à me faire arroser par une vague traîtresse qui ne trouve rien de mieux que de venir se briser sur les roches que j'admire. Cette diversion ne m'empêche pas de voir une belle grotte, formée d'énormes blocs semblant taillés et posés par la main des hommes, ct battue par l'eau qui jette sa blanche écume dans cette sombre cavité.

Nous continuons notre route, bordée par endroits de dunes de sables couvertes d'herbes sauvages dans lesquelles foisonne le gibier. Arrêt à Staouéli, groupe de quelques habitations, église, mairie et école, au milieu de cultures.

La distance qui nous sépare de la Trappe n'est pas grande. Dans les plantations de vigne travaillent des escouades de disciplinaires, surveillés par une sentinelle dont la silhouette se détache dans la buée matinale. Sur notre droite nous apercevons confusément la pointe de Sidi-Ferruch, où les Français débarquèrent, le 14 juin 1830, pour conquérir l'Algérie. Ils rencontrèrent l'armée algérienne dans la région que nous traversons, lui livrèrent une sanglante bataille et occupèrent Alger après deux nouveaux combats.

Nous sommes à la Trappe à neuf heures et demie. L'heure réglementaire de la visite est dix heures et demie. N'étant pas des dames, l'entrée nous est permise et le frère concierge nous prie d'attendre dans le jardin. Il y fait bien bon. Un vent frais agite les feuilles des araucarias, espèce de sapin, des eucalyptus, des caoutchoucs géants, des palmiers, des orangers dont les branches portent à la fois fleurs et fruits, et d'autres arbres qui me sont inconnus.

Entre temps, nous faisons nos achats parmi les produits de la Trappe, et même d'ailleurs, consistant en essence de géranium-rosa, d'un débit considérable, et en eau de fleurs d'oranger, porte-monnaie, photographies, objets de piété, etc. C'est un bazar perdu dans la plaine.

L'heure de la visite sonne. Nous commençons par la cave où s'alignent des foudres énormes d'une contenance variant de cent cinquante à trois cent cinquante hectolitres. Cette cave s'ouvre sur la cour dans laquelle se trouve le célèbre groupe des Dix palmiers réunis par le pied, et abritant une statue de la Vierge.

Nous entrons au réfectoire. Le déjeuner, exclusivement

végétal, est servi. Il se compose de laitage, d'olives, d'oranges et de soixante-quinze centilitres de vin. Les couverts sont en buis, et les couteaux brillent... par leur absence.

C'est ensuite la salle Capitulaire où a lieu la confession publique. Des chaises de bois, fixées au mur, portent le nom de l'occupant et composent tout l'ameublement.

Nous montons au dortoir, vaste salle cloisonnée, où chaque père a sa chambre, presque une cellule. Un lit en fer, une paillasse et une couverture en sont toutes les douceurs, et il y a juste la place pour passer devant une face du lit, les trois autres touchant à la cloison, haute d'environ deux mètres. La porte consiste en une ouverture fermée par une toile, relevée pour permettre de voir l'intérieur.

Sur les murs, nous lisons des inscriptions concluantes sur le bonheur de vivre. En voici un exemple : « S'il est triste de vivre à la Trappe, qu'il est doux d'y mourir ! » Et toujours le silence et le recueillement considérés comme les plus grandes vertus; vous lisez cela et vous le voyez en actes. Nous sommes sur un balcon dominant un véritable coin d'Éden; orangers, palmiers, citronniers, sont à nos pieds, c'est un jardin réservé aux Pères. Au milieu, une fontaine de marbre blanc laisse jaillir une eau d'une limpidité de cristal. Malgré moi, je sens que je n'y resterais pas longtemps, en voyant ces hommes méditer à l'ombre, se croiser, se saluer, toujours par signes; c'est presque une pension de muets, et encore ne conversent-ils pas comme eux, tout se borne à de rares gestes échangés d'un air lugubre qui pèse sur les profanes.

Il nous faut éviter de troubler le silence, parler à voix basse et surtout ne pas adresser la parole aux religieux, une inscription nous l'interdit. Cette contrainte en impose et l'on n'a d'autre souci que de respirer plus à l'aise.

Dans la bibliothèque, composée d'ouvrages théologiques et scientifiques, nous voyons des biscaïens, des balles et un long couteau arabe, épaves de la bataille trouvées lors de la construction.

Nous descendons et nous nous retrouvons dans la cour. Là, nous quittons cette vague sensation d'attente de la mort qui semble peser sur les êtres presque inertes que nous venons de voir. Nous sentons la vie et nous en admirons les attributs, répandus à profusion dans cette ferme magnifique, contrastant fortement avec l'étrange désir du Néant qui plane aux alentours. La Nature reprend ses droits et semble nous dire qu'on ne la sert pas en méditant dans un perpétuel silence, mais en travaillant avec les compagnons qu'elle nous donne.

L'odeur du foin coupé et des écuries, où se reposent de superbes bestiaux, me paraît préférable à cette sorte d'air irrespirable dans un milieu si triste. Une jument allaite son poulain; une vache, son veau; tous travaillent ou travailleront. N'est-ce pas là une éloquente démonstration en faveur de l'action? Au reste, cette ferme, semblable à celles de notre Brie, procure la richesse et la vie à des hommes qui, par une sorte de suicide moral, semblent renier l'une et l'autre en vantant la douceur de mourir après une vie que l'on peut considérer comme inutile à l'humanité. Heureusement, à côté de ceux-là, il y a les ouvriers qui rentrent le foin sous nos yeux, transvident des fûts; leur bonne mine dissipe l'impression de tout à l'heure.

Après cette visite, nous déjeunons frugalement d'une excellente omelette, de haricots et de pommes de terre, arrosés d'un délicieux vin naturel, le tout provenant des récoltes de la Trappe.

Nous nous rendons ensuite au cimetière de la colonie par une allée légèrement montueuse, ombragée de cyprès.

Au milieu se dresse un monument d'aspect simple, élevé à la mémoire d'un grand chef de l'Ordre. Les trappistes n'ont ni tombe ni cercueil, leur austérité les suit jusque dans la mort. Ils sont simplement couchés en terre, revêtus de leur costume, et une croix noire en bois placée à l'extrémité d'un petit monticule rappelle le nom et l'âge du défunt.

Toutes ces fosses sont semblables et très rapprochées; une distinction est seulement faite pour les prêtres, qui ont la tête placée à l'opposé des autres. L'herbe remplace les fleurs qui n'existent pas.

Nous partons, satisfaits de notre visite rendue plus agréable par le frère concierge, très aimable : il peut parler et rire, heureusement, sans quoi ce serait d'un triste....

Nous traversons de vastes champs cultivés jusqu'à Chéragas. Puis la route devient plus accidentée et la végétation moins luxuriante. Peut-être est-ce l'effet des immenses plantations de vigne dont les pieds taillés en gobelet ne sont pas encore pourvus de feuilles.

Nous arrêtons à El-Biar, village composé de cabarets au bord de la route, de villas, de fermes qui s'aperçoivent de-ci, de-là, dans les pittoresques accidents de terrain. Nous passons près de la colonne Voirol, située au point culminant de la route et élevée à la mémoire du général, ancien gouverneur intérimaire.

De là, nous avons une vue superbe sur Alger et sa baie à gauche, sur un ravin boisé à droite.

Nous entrons dans Mustapha supérieur et nous pouvons contempler un merveilleux kaléidoscope naturel, dont les échappées sont rendues plus nombreuses par suite des lacets de la route, bordée par des villas toutes plus coquettes les unes que les autres. Cette partie du trajet est magnifique et l'on voudrait pouvoir l'emporter en images, telle qu'on la voit.

Nous apercevons le Palais du Gouverneur, à demi masqué par la verdure, puis nous attendons les courses françaises et indigènes, et surtout la grande fantasia.

Après les courses, où la cravache remplace la matraque, a lieu une charge d'un régiment de spahis dans laquelle la poudre commence à parler. Ensuite, les Arabes se mettent en ligne pour la fantasia tant vantée.

Plusieurs tribus venues de l'Atlas sont rassemblées et luttent l'une contre l'autre, à tour de rôle, pavillons déployés, encouragées par leurs chefs respectifs et les applaudissements de la foule, auxquels les guerriers sont très sensibles.

Leur armement est l'assemblage le plus hétéroclite que l'on puisse rêver, les fusils à pierre, à piston, à culasse, à deux coups et jusqu'aux tromblons, à pavillon de clairon, représentés dans les gravures d'Ali-Baba ; tout est là, astiqué pour la circonstance.

La danse commence après une décharge générale qui cause une panique dans l'enceinte, parmi les chevaux attelés aux voitures de maître. Puis les coups se succèdent rapides ou espacés, c'est à qui fera le plus de tapage. Une rangée s'élance et décharge adroitement ses armes en l'air ou dans les jambes des adversaires, qui ripostent de leur mieux et laissent la place à d'autres pendant qu'ils rechargent.

La poudre a vite fait de griser ces hommes, transformés en énergumènes tellement leurs gestes sont violents. Ils bondissent comme des enragés et l'on se demande comment il n'y en a pas qui reçoivent un coup de crosse ou une bourre dans la figure.

Au bout de quelques minutes c'est une véritable mêlée de laquelle s'élève un bruit formidable. Les cris, les excitations, les détonations sèches des petits fusils, celles plus sourdes des tromblons, tout cela gronde et augmente d'intensité.

Cette sarabande dure environ deux heures ; pendant ce temps quelques chefs se livrent à la fantasia à cheval. Ces intrépides cavaliers lancent leur monture à toute vitesse, tout en chargeant et déchargeant leur arme qu'ils envoient en l'air et rattrapent avec une grande aisance. Ils sont bien secondés par leur cheval, dont la finesse égale la force et l'adresse, et leur selle, bien plus haute, qui leur fournit deux points d'appui, celui d'arrière plus élevé que l'autre ; des étriers très larges aussi doivent aider à tenir l'équilibre.

Nous revenons en ville, coudoyant une foule nombreuse et mélangée. Les Arabes, joyeux de cette fête, ne quittent le champ de courses qu'à regret. Très excités, ils continuent leur fusillade jusque dans les rues de Mustapha. Sur la chaussée, les trams sont pris d'assaut ainsi que les voitures, et beaucoup d'entre eux s'élancent derrière pour s'y accrocher tant bien que mal, au risque de tomber et de se faire écraser dans cette cohue empoussiérée et enfumée.

Après une matinée passée dans le sanctuaire du silence et une après-midi dont le tapage infernal nous laisse quelque peu abasourdis, nous prenons un repos nécessaire, en vue de l'excursion aux Gorges de la Chiffa, organisée par le comité.

⁂

8 avril. — Nous partons par train spécial, à six heures. Il fait beau et, comme hier, nous longeons la mer qui vient près de la voie. Nous passons sous notre dortoir du fort Bab-Azoun, puis nous coupons une belle allée de palmiers qui fait suite au Jardin d'Essai, situé à deux kilomètres de la ville.

A la Maison-Carrée, nous commençons à voir l'immense plaine de la Mitidja que nous allons traverser sur une bonne longueur.

A droite, les montagnes du Sahel, à gauche des champs cultivés qui s'étendent à perte de vue. Cette plaine, très féconde, est bordée au sud et au nord par les montagnes de l'Atlas et du Sahel qui lui donnent l'eau en assez grande quantité pour rendre la culture d'un bon rapport.

Nous arrêtons quelques minutes à Boufarik, où reposent les restes du sergent Blandan dont la statue se voit sur la place.

Nous passons à Beni-Mered, lieu de l'action héroïque de Blandan et de ses compagnons. Un obélisque rappelle ce fait d'armes de vingt-trois hommes luttant contre trois cents. Blandan tomba en criant : « Défendez-vous jusqu'à la mort! face à l'ennemi! » Ces héros tombèrent l'un après l'autre, il n'en resta que cinq qui allaient subir le même sort sans l'intervention de quelques chasseurs d'Afrique, accourus au bruit de la fusillade.

Voilà une réponse sur laquelle les Arabes devaient être loin de compter quand ils invitèrent ces vaillants à se rendre!

Des forêts d'orangers annoncent l'approche de Blidah d'où nous repartons, après une courte halte, pour le Camp des Chênes, station de l'Ouest-Algérien située à l'extrémité des Gorges de la Chiffa. La voie est un véritable chef-d'œuvre, huit tunnels et autant de ponts sont traversés et franchis dans les cinquante minutes du trajet. Nous passons à une trop grande vitesse pour voir ce beau travail, mais nous aurons le loisir de le faire au retour.

Le Camp des Chênes est bien nommé, il y a juste la station et une auberge, dénommée *Hôtel du roulage*, pour toutes habitations.

Autour s'élèvent des escarpements couverts d'arbustes et de quelques plantes. Dans le ravin coule la Chiffa, oued ou mieux torrent que nous allons côtoyer tout à l'heure.

Les deux caravanes réunies s'installent pour déjeuner sur l'herbe. Nous sommes six cents, ce qui laisse à penser combien ont dû être troublés les échos de ces gorges sauvages. Les provisions sont englouties d'un bon appétit. Un café préparé à l'*Hôtel du roulage*, qui semble rouler sur lui-même tant il y a de bousculade, complète cet agréable repas.

Il nous reste huit kilomètres pour rejoindre la station de Sidi-Madani, lieu de concentration. Chacun va au gré de sa fantaisie. Les uns montent en voiture, les autres, et j'en suis, préfèrent revenir tranquillement à pied, ce qui est encore la meilleure manière d'excursionner.

Je grimpe sur un petit mamelon couronné d'un pavillon rustique, tout en bois. Quoique peu élevé, je domine de cinquante mètres au moins la Chiffa dont le clapotement parvient jusqu'à moi. Ce vide me semble un précipice, il est vrai que je suis moins d'aplomb que sur la Tour Eiffel, il n'y a pas de parapet et une glissade est vite arrivée. Pourtant je n'ai pas le vertige, un beau tertre gazonné me recevrait si je tombais, et c'est suffisant pour me rassurer. Si j'avais le temps, j'y descendrais bien, mais nous n'avons que deux heures et demie à dépenser. Je continue donc mon chemin, qui paraît

taillé à coups de hache dans la roche et donne l'illusion d'une
énorme masse de bois tranchée par un géant.

Ce n'est pas Hercule qui a fait ce colossal ouvrage, ce sont
simplement des hommes hardis qui ont percé des trous de
mine et les ont allumés au risque de sauter avec les quartiers
de roc.

La ligne télégraphique, dont les poteaux sont nichés en haut
de la montagne ou dans le ravin, est curieuse aussi et l'envoi
par télégraphe de la fameuse paire de souliers pourrait bien
s'y faire, au moins d'un poteau à l'autre, la descente est assez
rapide pour satisfaire un expéditeur pressé!

Ici, c'est un pont jeté sur le torrent; là, un tunnel semblable
à un trou de souris. Plus loin, une cascade arrose le passant
arrêté pour l'admirer, tandis qu'une autre joue à cache-cache,
parait, disparait sous la roche et reparait à nouveau pour
faire goûter son eau : il n'y a qu'à bâiller.

En certains endroits, un parapet domine une profondeur de
cent mètres et plus où paissent des chèvres grosses comme le
poing. Si nous nous retournons, nous touchons la roche qui
surplombe la route.

Nous apercevons une excavation; croyant découvrir une
grotte, nous nous précipitons, demandant des bougies ou
n'importe quoi pour l'éclairer. Un bien avisé allume un feu
de Bengale qui nous permet de contempler la superbe struc-
ture... d'un abri.

Nous en trouvons bientôt une autre, une vraie celle-là; nous
descendons une trentaine de marches et nous voyons de superbes
stalactites qui nous gratifient de quelques gouttes d'eau. Ce
n'est plus l'abri de tout à l'heure et Gribouille ira certainement
pour éviter la pluie. Nous éprouvons une douce sensation de
fraîcheur qui nous engage à rester, mais il y a l'heure militaire à observer, c'est dommage. Nous nous arrêtons quelques
minutes à l'auberge du Ruisseau des Singes, admirablement
encadrée par la verdure et au pied de laquelle nous retrouvons notre torrent. La désillusion... prévue, causée par le

manque de quadrumanes, est amplement compensée par la beauté du site qui nous entoure.

Ces gorges, traversées héroïquement par nos soldats, ont un aspect grandiose et, pendant un orage, l'effet doit être fantastique.

Des aloès gigantesques bordent la route avec leurs lames de scies. Arrivé en vue de la station de Sidi-Madani, j'en arrache deux petits pour avoir un souvenir vivace de cette belle excursion qui m'a beaucoup impressionné.

Nous reprenons le train qui nous ramène à Blidah, ville neuve, détruite par un tremblement de terre en 1867.

Nous entrons par la porte Bab-el-Sebt et nous nous dirigeons vers la Place d'Armes, d'où nous partons visiter la ville, accompagnés de membres honoraires et actifs de la société de gymnastique, qui nous font gracieusement les honneurs de leur cité.

Nous commençons par le jardin Bizot où les plantes tropicales et septentrionales poussent côte à côte, puis nous gagnons, en longeant la ceinture extérieure, la magnifique allée des Orangers qui exhale un parfum dont la suavité est malheureusement altérée par la poussière. Au bout de cette avenue se trouve le jardin des Oliviers. Les troncs noueux de ces oliviers millénaires ne ressemblent plus à ceux que nous avons vus jusqu'ici.

Sous le délicieux ombrage de ces arbres imposants, se dresse le marabout de Sidi-Yacoub, d'une blancheur qui dénote l'entretien dont il est l'objet de la part des musulmans. Les quatre oliviers qui l'entourent sont, d'après la légende, les piquets de la tente du Sidi en question, poussés miraculeusement : de là l'édification de cette koubba.

Tout près s'en trouve une autre, offerte par l'impératrice Eugénie, mais les musulmans la délaissent complètement, protestant à leur manière contre cette générosité, qu'ils n'apprécient pas plus que toutes celles des chrétiens touchant leur religion.

Nous allons ensuite au marché indigène, très pittoresque

avec ses tentes abritant soit des marchandises, soit des cordonniers, métier très goûté des Arabes, puisqu'ils sont aussi nombreux que les va-nu-pieds, et ceux-ci sont légion!

Les marchands ne poussent pas loin le souci de l'étalage; vous n'avez qu'à vous baisser et choisir ce qu'il vous faut. Les oranges dominent et justifient leur renom par leur excellent goût. Nous voyons aussi des dépôts de tabac, haché finement à la main par les débitants passés maîtres dans ce travail.

Et les mouquaires? Ici nous en rencontrons quelques-unes encore plus étoffées que celles d'Alger. Enveloppées des pieds à la tête, elles ne découvrent qu'un œil : est-ce parce que celui-ci donne le plus souvent envie de regarder l'autre?

Nous montons ensuite dans un chemin rocailleux dominant la ville et nous avons une vue d'ensemble des environs. A gauche et derrière, les montagnes; en face, l'immense plaine de la Mitidja s'étend à perte de vue.

En revenant, nous rencontrons une femme du peuple arabe. Elle n'est pas voilée et son air trahit la misère, elle vient à la fontaine emplir sa peau de bouc pour les besoins de sa maisonnée. Nous lui mettons cette charge d'eau d'une douzaine de litres sur les épaules; elle parait stupéfaite autant qu'heureuse de ce service et reprend sa marche, riant à belles dents. Ses enfants s'accrochent à ses jupons et gravissent ce chemin, un calvaire, avec ses pierres qui doivent briser leurs pieds nus.

Des Français habitant la ville nous disent que c'est l'habitude et qu'en effet cette malheureuse, étant considérée par son époux moins que l'âne commun, pouvait être contente d'une marque d'attention. Ces messieurs se croiraient déshonorés s'ils aidaient leur compagne, même dans les plus durs travaux. Ainsi quand un ménage change de gourbi, la femme porte le mobilier, peu volumineux, il est vrai; les enfants courent à ses côtés et le père fume tranquillement sa chibouque sur le dos du bourriquot.

Les Kabyles, de race berbère, sont plus travailleurs. Essen-

tiellement cultivateurs, ils s'attachent au sol nourricier et leur
caractère rétif selon nous, conquérants, doit s'excuser par cet
attachement.

Les colons qui les emploient sont satisfaits de leurs services.
D'une endurance exceptionnelle, ils sont peu rétribués, un
franc cinquante par jour en moyenne, et, sur ce modique
salaire, ne dépensent que cinquante centimes pour leur nourriture, composée de dattes, bananes, figues, oranges, rarement
autre chose, puis se couchent sur la terre pour recommencer
le lendemain.

Nous nous retrouvons place Saint-Charles et nous visitons
l'église, la seule haute construction restée debout lors du
tremblement de terre. L'intérieur n'a rien de remarquable.

Cette place est voisine de la place d'Armes entourée d'orangers et où nous revenons après avoir vu la rue d'Alger, d'une
perspective toute française, sauf les types et costumes des
habitants.

Voici l'heure d'accomplir la dernière partie du programme
de l'excursion : un excellent dîner où le coup de fourchette ne
laisse rien à désirer après une telle journée de grand air.

La nuit tombe, nous regagnons la gare; c'est dommage, le
temps est court dans Blidah. Malgré notre désir de rester, il
faut rompre brusquement le charme d'un excellent accueil, dont
nous garderons le souvenir.

Le train démarre, coupant court aux vivats poussés de part
et d'autre. Nous arrivons à Alger vers huit heures, pour assister
au punch offert aux excursionnistes.

9 avril. — C'est le jour du départ. Nous faisons nos achats,
puis un emballage minutieux de nos bagages qui ont augmenté
notablement. Par précaution, nous déjeunons plus tôt, c'est
autant de pris avec l'espérance de le garder.

Nous embarquons sur le *Duc de Bragance*, à moitié étouffés
par la foule qui se presse sur les quais. Nos aimables ciceroni du samedi, que nous voyions tous les jours, nous accompagnent et voudraient bien nous dire adieu sur le pont; mais
cela leur est défendu et nous en sommes réduits à échanger
des signes amicaux à distance. Eux aussi peuvent être assurés
de notre gratitude; les regrets que nous avions tous de nous
quitter ont fait place à des sentiments d'amitié que la distance
n'atténue pas, car on éprouve un sensible plaisir à rencontrer
des compatriotes, perdus au milieu d'une foule noire indiffé-
rente, pour ne pas dire hostile.

L'ancre est levée, la sirène retentit, adieu! Il est une heure
de l'après-midi, le temps est magnifique. Nous jetons un dernier regard sur l'ancienne mystérieuse Alger qui s'étale sous
le soleil dans toute sa blancheur, puis sur la plage de Mustapha et enfin sur les montagnes de la Kabylie, là-bas, dans
la buée.

Notre traversée du retour n'est pas si mouvementée qu'à
l'aller. Nous voguons sur un lac d'azur, aussi le terrible mal
de mer est-il moins ressenti à bord, quoique de temps en
temps....

Cette heureuse circonstance me permet de contempler un
coucher de soleil en mer, c'est beau, mais trop vite fait, du
moins celui-ci. Le ciel se carmine légèrement, puis l'ombre
vient bientôt, on croirait que le soleil a hâte de disparaître
dans l'abîme.

Je m'installe pour la nuit sur le pont, abrité par une chaloupe de sauvetage. J'ai monté ma literie consistant en une
couverture dans laquelle je m'enroule jusqu'au cou, avec mon
béret sur les yeux, coiffure qui est, par parenthèse, très com-
mode pour voyager aussi bien en chemin de fer qu'en bateau :
on ne craint pas de la salir, encore moins de la froisser, et
rien que pour ce dernier avantage, elle mérite d'être préférée
à d'autres.

Je passe donc la nuit à la belle étoile, c'est la première et je ne m'en suis pas mal trouvé, d'autant plus que j'avais une confiance assez limitée dans les agréments du sommeil en plein air. Je me réveille vers minuit un peu engourdi, est-ce le froid ou la dureté de notre matelas de sapin? je ne sais. Je me secoue, puis me promène « de long en large » pour voir la ou plutôt les situations des passagers.

C'est très pittoresque, j'ai le plaisir de faire une séance d'équilibre pour éviter de marcher sur les dormeurs et la plupart du temps je ne réussis qu'à tomber de Charybde en Scylla, ou mieux de Jules sur Joseph, et c'est préférable, car si notre capitaine nous faisait passer le détroit de Messine, brrr! quelle aventure!

Le ciel est étoilé, la brise souffle doucement, c'est un véritable rêve. J'en suis tiré par un cri : « Attention, tu me montes sur le pied! » Je m'en aperçois assez à temps pour éviter de m'asseoir sur la figure de mon interlocuteur; cela l'eût certainement empêché de me souhaiter la bienvenue!

Je continue ma promenade, essayant de franchir, sans les toucher, les dormeurs étendus dans tous les sens ce qui rend la promenade difficile et les froissements très faciles, surtout pour un marin comme moi. Je calcule mon élan pour mettre le pied dans un petit espace libre, crac! au moment précis où je suis en l'air, le navire s'incline d'un autre côté et m'oblige à chercher un autre point d'appui, pendant que je verse : ce n'est pas long et je suis bien forcé de m'accroupir quelquefois assez brusquement. C'est ce qui m'a fait voir qu'un dicton, répété souvent, n'est pas toujours vrai : « On est gentil quand on dort », hum! c'est un peu avancé, et ceux qui sont réveillés en sursaut par la chute d'un passager grognent plus ou moins gentiment, s'ils n'ont pas l'occasion de rire quand pareille chose arrive à leur voisin.

Enfin, j'arrive à mon point de départ sans avoir heureusement blessé personne. Je me réenroule et me laisse bercer par le roulis, qu'accompagnent les coups réguliers du piston et le frottement de l'hélice, seuls bruits troublant le silence. Je rêve tout éveillé et songe à la première traversée si agitée.... Je regarde au-dessus de moi et je crois que nous voguons vers les étoiles scintillant au firmament, tant les ailes du Rêve font disparaitre les plus grands obstacles. Pourtant je n'attrape pas les étoiles, encore moins la lune avec mes dents; cette dernière est restée obstinément cachée; je ne m'en préoccupe pas, persuadé que je la reverrai. En revanche, je m'achemine doucement dans la direction du pays des Songes, où Morphée me montre les merveilles imaginables et inimaginables de son royaume enchanté.

*
* *

10 avril. — Je m'éveille un peu avant le lever du soleil, croyant entendre les oiseaux. Je suis vite rappelé à la réalité en voyant que les arbres sont tout simplement les mâts du navire. Je me console de cette déconvenue en assistant à la toilette de Phébus, roi de l'Univers. Je le vois, étendu sur le parquet — pas lui, moi, — avec la chaloupe toujours au-dessus de mon nez; au-dessous, un vide me permet de regarder à loisir, sans me déranger. Cette posture n'est sans doute pas celle d'un observateur de l'Observatoire, mais je ne suis pas astronome et je prends la plus stable.

Je le vois donc — lui — s'élever majestueusement au-dessus des flots; il est encore bouffi et rouge; peu à peu, ses traits deviennent réguliers, son teint s'éclaircit, son éclat devient de plus en plus intense et bientôt je ne peux plus le regarder.

Le navire poursuit sa marche régulière. Dans la journée, nous apercevons un voilier que nous rattrapons et dépassons. Cette vision d'un bâtiment cause une grande effervescence à bord. On est si fatigué de la monotonie que l'on est heureux d'apercevoir quelque chose dans l'infini. Les passagers cherchent à définir l'apparition à qui mieux mieux, toutes les lunettes et les yeux se fixent sur ce point blanc.

Les uns, parodiant Christophe Colomb, crient : « Terre! » les autres croient distinguer un phare et cette agitation cesse quand le bâtiment, toutes voiles déployées, est près de nous.

A quatre heures, les côtes sont en vue et bientôt nous touchons au port. Le bâtiment stoppe pour livrer passage à l'*Amazone* en partance pour Madagascar; nous échangeons force saluts avec les passagers.

Cet arrêt nous permet de voir l'établissement de bains des Catalans, les forts Saint-Jean et Saint-Nicolas, qui protègent le port.

Nous débarquons à cinq heures et demie. Mais nous n'avons pas encore le pied dans Marseille, il faut passer à la douane, et cette lucrative sinon utile administration a eu beaucoup d'ouvrage ce jour-là. Les confiscations ont dû constituer une bonne aubaine qui récompensa sans doute le zèle de ses dévoués représentants. Quel déballage! tout y passe, sacs, paniers, valises : tout est ouvert, pesé, palpé par des mains expertes en la matière.

Bien à regret, je me vois enlever une demi-livre de tabac et une douzaine de boites d'allumettes-bougies, sous la rubrique « non déclaré », le tout ayant une valeur de vingt sous à Alger.

Pour toute consolation, si c'en est une, je n'ai qu'à penser, comme dans la chanson, que je ne suis pas le seul dans ce cas-là, malheureusement!

Nous franchissons enfin la barrière et nous nous dirigeons vers la gare. Nous dinons, puis nous allons à la Cannebière, té, mon bon! sans cette visite nous n'aurions jamais rien vu! Cette rue, éclairée à l'électricité, est la plus belle de Marseille et rappelle un boulevard parisien par son aspect et son animation. Dans la nuit, nous ne distinguons pas le Port-Vieux, ce qui rend l'illusion complète.

Nous repartons par l'express du soir et nous arrêtons à Lyon le samedi, à sept heures du matin. Nous avons deux heures d'attente, que nous occupons par une promenade en ville.

Lyon parait calme et vaste. Les habitants aiment le grand

air à en juger par les places spacieuses et les beaux squares que nous rencontrons souvent. Nous gagnons les quais et nous voyons, au-dessus de nous, l'église Saint-Jean, Notre-Dame-de-Fourvière, la tour de cent mètres. Regrettant de n'avoir pas assez de temps pour grimper là-haut, nous revenons à notre train.

Nous traversons le tunnel de Perrache, qui interrompt les parties de manille ou lectures commencées sans défiance. A Laroche, arrêt et buffet. Il pleut, nous dinons dans notre compartiment.

Nous arrivons à Paris vers minuit, avec une avance de vingt-quatre heures sur le temps prévu — tels les héros du *Tour du Monde en 80 jours*; — seulement, nous n'attendons pas la dernière seconde de ces vingt-quatre heures pour nous en apercevoir et nous glisser dans les draps, où un sommeil réparateur nous surprend bien vite, tandis que l'infatigable pensée vagabonde encore dans les ruelles algériennes..

Coulommiers, mai 1896.

163

COULOMMIERS

TYPOGRAPHIE

PAUL BRODARD

www.ingramcontent.com/pod-product-compliance
Lightning Source LLC
Chambersburg PA
CBHW051730050726
47598CB00003B/1116